Lokwechsel

Eisenbahnen im Ruhrgebiet der Sechziger Jahre
Band 1: Personenverkehr

Peter Hauswald · Helmut Bittner
Carl Bellingrodt · Manfred van Kampen · Michael Schenk

DGEG Medien

Umschlagabbildung vorne

01 133 des Bw Paderborn wartet am Abend des 8. September 1968 vor einem Kirchentagszug nach Altenbeken im Dortmunder Hauptbahnhof auf die Abfahrt ins Paderborner Land. Das Foto nahm Helmut Bittner auf.

Bildnachweis:

Carl Bellingrodt: Seiten 4, 5, 8, 9, 13, 14, 38/39, 69, 114/115

Helmut Bittner: Seiten 34, 40, 41, 45, 46 u., 47-50, 52-55, 58, 59, 61, 67, 76, 80, 82, 84-86, 96-100, 106, 107, 109-111, 116-119

Manfred van Kampen: Seiten 6, 7, 11, 12, 87, 101-105

Wolf-Dietmar Loos: Seiten 30, 36, 92 o.

LWL-Industriemuseum Dortmund: Seite 62

Alle anderen Aufnahmen stammen von Peter Hauswald

Impressum:

Peter Hauswald, Helmut Bittner u.a.
Lokwechsel – Eisenbahnen im Ruhrgebiet der Sechziger Jahre
Band 1: Personenverkehr

Bibliografische Information der Deutschen Nationalbibliothek

Die Deutschen Nationalbibliothek verzeichnet diese Publikation in der Deutschen Nationalbibliografie; detaillierte bibliografische Daten sind im Internet über http://dnb.d-nb.de abrufbar.

ISBN 978-3-937189-49-9

1. Auflage 2010

Herstellung: DGEG Medien GmbH
Druck und Verarbeitung: Bonifatius Druck, Paderborn

So sah es aus im Revier: Ein VT 11.5 passiert auf seiner Fahrt als TEE „Parsifal“ nach Hamburg im Sommer 1962 oder 1963 die Zeche Recklinghausen I, Peter Hauswald war mit seiner Mittelformat-Kamera zur Stelle.

Oben: Im Mai 1957, wenige Tage vor Aufnahme des elektrischen Betriebs, gelang Carl Bellingrodt am Bochumer Güterbahnhof diese (Kleinbild–) Aufnahme eines mit 03 284 bespannten Eilzuges auf der Fahrt in Richtung Essen; der Zug hat soeben den Bochumer Hauptbahnhof verlassen. Die Fahrleitungsmasten wurden damals erst gemennigt (daher die rotbraune Farbe) und dann gestrichen.

Rechte Seite: Eine weitere Bellingrodt-Aufnahme, entstanden in Essen-Frillendorf 1956. 78 248 des Bw Essen Hbf führt einen von Gelsenkirchen Hbf kommenden Zug in Richtung Essen Hauptbahnhof.

Inhalt

Auf dieser Doppelseite sehen wir zwei Fotos von Manfred van Kampen, beide aufgenommen im Hauptbahnhof Recklinghausen. Im Bild oben brummt V 200 041 mit dem F4 „Merkur“ aus Hamburg kommend im August 1958 durch die Station, im Bildhintergrund die beiden Bahnhofsgebäude unterschiedlichen Alters; das rechte gehörte noch zum Ur-Bau aus der Anfangszeit der Strecke Wanne – Münster.

Auf der Seite rechts sind zwei Schienenbus-Garnituren zu sehen (September 1957), deren Herkunft und Ziele sind nicht bekannt. Ein paar Jahre später wurde in Vorbereitung der Elektrifizierung der Bahnhof komplett umgestaltet und auch ein modernes Empfangsgebäude anstelle der beiden alten Bauten errichtet.

Vorwort

Dieses Werk, bestehend aus den Bänden 1 (Personenverkehr) und 2 (Güterverkehr), vereint Farbaufnahmen aus einer Zeit, in der die ambitionierte Fotografie mit Farb-Umkehrfilmen („Diafilmen") in Deutschland noch eine teure und damit einem eher kleineren Personenkreis vorbehaltene Angelegenheit war. Umso bemerkenswerter ist es, dass auch außerhalb des Kreises professioneller (in diesem Falle also: für die Bundesbahn tätiger) Fotografen hervorragende Arbeit an einem Objekt geleistet wurde, welches für die allermeisten Zeitgenossen eine nicht weiter beachtenswerte Alltäglichkeit darstellte. Und dies geschah durch Personen, die der Eisenbahn „mit Herzblut" ihre ganze Aufmerksamkeit widmeten – ohne den Gedanken in den Vordergrund zu stellen, mit der Bildausbeute einmal wirklich Geld verdienen zu können.

Zwei der Fotografen sind den Eisenbahnfreunden bekannt: Carl Bellingrodt (1897–1971; kein Eisenbahner, aber als Eisenbahn-Fotograf eine Instanz) sowie Manfred van Kampen (1936–2005), der später sein Berufsleben bei der Bundesbahn verbringen sollte. Beide spielen hier aber nur eine Nebenrolle. Der Löwenanteil der Aufnahmen stammt von Helmut Bittner (geb. 1941), der in Dortmund lebt und der Eisenbahn-Geschichte auch heute noch mit Leib und Seele verbunden ist, sowie vor allem von dem Bochumer Peter Wilhelm Hauswald (1941–2006). Hauswald war bislang eher durch Aufnahmen von Industrielokomotiven hervorgetreten, sein Schatz an Farbdias rund um das Thema Bundesbahn wird mit dem vorliegenden Werk erstmals systematisch erschlossen. Die in diesem Buch vereinten Bilder von Hauswald, Bittner, Bellingrodt und van Kampen befinden sich heute in der Sammlung von Michael Schenk. Zusätzlich tragen noch drei Aufnahmen von Wolf-Dietmar Loos (Oer-Erkenschwick) dazu bei, das bunte Bild jener Zeit auszumalen.

Michael Schenk, Helmut Bittner sowie Wolfgang Klee haben es gemeinsam unternommen, die Bilder zusammenzustellen und zu

Am 17. Juni 1957 besuchte Carl Bellingrodt den Heißener Berg zwischen Mülheim (R) und Essen, wo die Gleispaare der alten BME-Magistrale und Rheinischen Güterbahn direkt nebeneinander liegen. Auf der Bergisch-Märkischen, auf der zwei Wochen zuvor der E-Betrieb aufgenommen wurde, rollt eine 50er, die noch immer die großen Windleitbleche trägt, mit einer Abteilwagen-Garnitur und einem 1. Klasse-Zweiachser in der Mitte zu Tal, bergwärts kommt ebenfalls eine 50er daher, sie führt einen Eilzug. Bemerkenswert ist auch der Bus mit Anhänger.

kommentieren. Vom unerwartet plötzlich verstorbenen Peter Hauswald liegen zum Teil nur spärliche Informationen über die abgelichteten Züge vor, auch sind ein paar Aufnahmedaten unklar; hier bedurfte manche Bildanalyse nicht geringer Recherchen. Sollten letztere hier oder dort zu einem unzutreffenden Schluss geführt haben, so nimmt der Verlag Hinweise und Korrekturen gerne entgegen.

Da es sich als unvorteilhaft erwies, das Buch nach Fahrzeugtypen oder nach Bahnhöfen bzw. Städten zu gliedern, wurde folgender Aufbau gewählt: Entlang bestimmter Strecken wird eine (imaginäre) Reise durchs Revier unternommen, beginnend im Duisburger Hauptbahnhof (S. 16) und ebendort endend. Los geht es auf der ältesten öffentlichen Strecke des Ruhrgebiets, der Köln-Mindener Eisenbahn (KME), die 1847 zwischen Duisburg und Hamm eröffnet werden konnte. An deren Zwischenstation Oberhausen machen wir einen Abstecher auf die 1856 ebenfalls von der KME eröffnete Strecke über Wesel nach Emmerich, von der Zwischenstation Wanne-Eickel ausgehend betrachten wir auch das damalige Geschehen auf der als „Rollbahn" bekannt gewordenen Verbindung in Richtung Münster (– Hamburg; 1870–74 von der KME eröffnet). In Hamm endet dieses erste Kapitel.

Das zweite beginnt wieder in Duisburg, aber nicht im Hauptbahnhof, sondern in Wedau; hier geht es nämlich um die Rheinische Eisenbahn, die ab 1866 von Rheinhausen bzw. Hochfeld kommend (der Rhein wurde zunächst mit einer Fähre überquert) den Sprung ins rechtsrheinische Ruhrgebiet wagte und ihre eigene Strecke über Mülheim, Essen Nord und Bochum Nord nach Dortmund baute (bis 1874). Die Rheinische war im Revier für großen Personenverkehr nie bekannt, sondern machte sich hier als Güterbahn einen Namen – seit ein paar Jahren ist sie zwischen Bochum und Duisburg stillgelegt. Auch ein paar Zweigstrecken der Rheinischen werden wir kennen lernen.

Kapitel drei beginnt im Essener Hauptbahnhof. Hier geht es um die Bergisch-Märkische Eisenbahn, deren 1862 eröffnete Hauptstrecke Duisburg (Hbf) – Essen (Hbf) – Bochum (Hbf) – Dortmund (Hbf) bis heute die Hauptschlagader des Eisenbahn-Personenverkehrs im Ruhrgebiet ist. Natürlich machen wir auch einen Abstecher auf die BME-Stammstrecke Dortmund – Witten – Hagen – Elberfeld (1848/49) sowie deren Zweiglinie Witten – Bochum-Langendreer (1860). Und auch die Ruhrtalbahn der BME von Essen über Hattingen nach Hagen (Mittlere Ruhrtalbahn; 1863–69) sowie von dort über Schwerte in Richtung Warburg (Obere Ruhrtalbahn; 1870–73) wird natürlich nicht ausgelassen; dem an dieser Strecke liegenden AW Schwerte statten wir dabei einen kleinen Besuch ab.

Auch im vorletzten Kapitel, das uns von Dortmund ausgehend in die Soester Börde führt, reisen wir hauptsächlich auf ehemaligen BME-Strecken (Dortmund – Soest 1855, Hamm – Unna 1866), um schließlich mit Eisenbahnfreunde-Sonderzügen von dort wieder den Bogen zurück zum Ausgangspunkt zu schlagen: nach Duisburg.

„Ruhrschnellverkehr" – man beachte das Schild in der Mitte des ersten Wagens! – sah auch Mitte der Fünfziger Jahre noch so aus: Dampflok mit Abteilwagen 3. Klasse. Der bevorstehende Sprung ins E-Zeitalter – die ersten Masten stehen bereits – mit seinen ET 30 war also enorm. Das Bellingrodt-Foto (vor 1957, das genaue Aufnahme-Datum ist unbekannt) zeigt einen aus Richtung Dortmund kommenden und nach Hamm fahrenden Zug, der sein Ziel fast erreicht hat; im Hintergrund erkennt man die (erst 1967 elektrifizierte) Güterzugstrecke Oberhausen – Datteln – Hamm.

Einleitung

Dieses Buch hat die Eisenbahn im Ruhrgebiet der Sechziger Jahre zum Thema. Um uns in diesem Jahrzehnt besser zurechtzufinden, werden wir zunächst einen Blick in das davor liegende, die Fünfziger Jahre also, werfen – in die Jahre des Wirtschaftswunders. Für die Eisenbahn war dies eine durchaus widersprüchliche Phase. Zwar waren die schwersten Kriegsschäden inzwischen beseitigt und die 1949 aus der alten Reichsbahn hervorgegangene Bundesbahn hatte sich rasch daran gemacht, ihre Anlagen nicht nur wiederherzustellen, sondern auch zu modernisieren, aber das betraf bei genauerer Betrachtung nur ausgewählte Bereiche. Nennen wir ein paar Beispiele: In Dortmund und Essen entstanden in den Fünfzigern neue Hauptbahnhofsgebäude, in Bochum wurde in dieser Zeit der Hauptbahnhof sogar komplett neu an heutiger Stelle errichtet. Auch mittlere Stationen wie Wattenscheid oder Dortmund-Hörde hatten neue Gebäude erhalten. Das Gros der Stationen jedoch war – sofern keine Ruinen mehr – schon wieder oder immer noch gezeichnet vom Ruß und Staub der Schlote. Kein Wunder, noch „kochte der Pott" – und die Eisenbahn war mittendrin ...

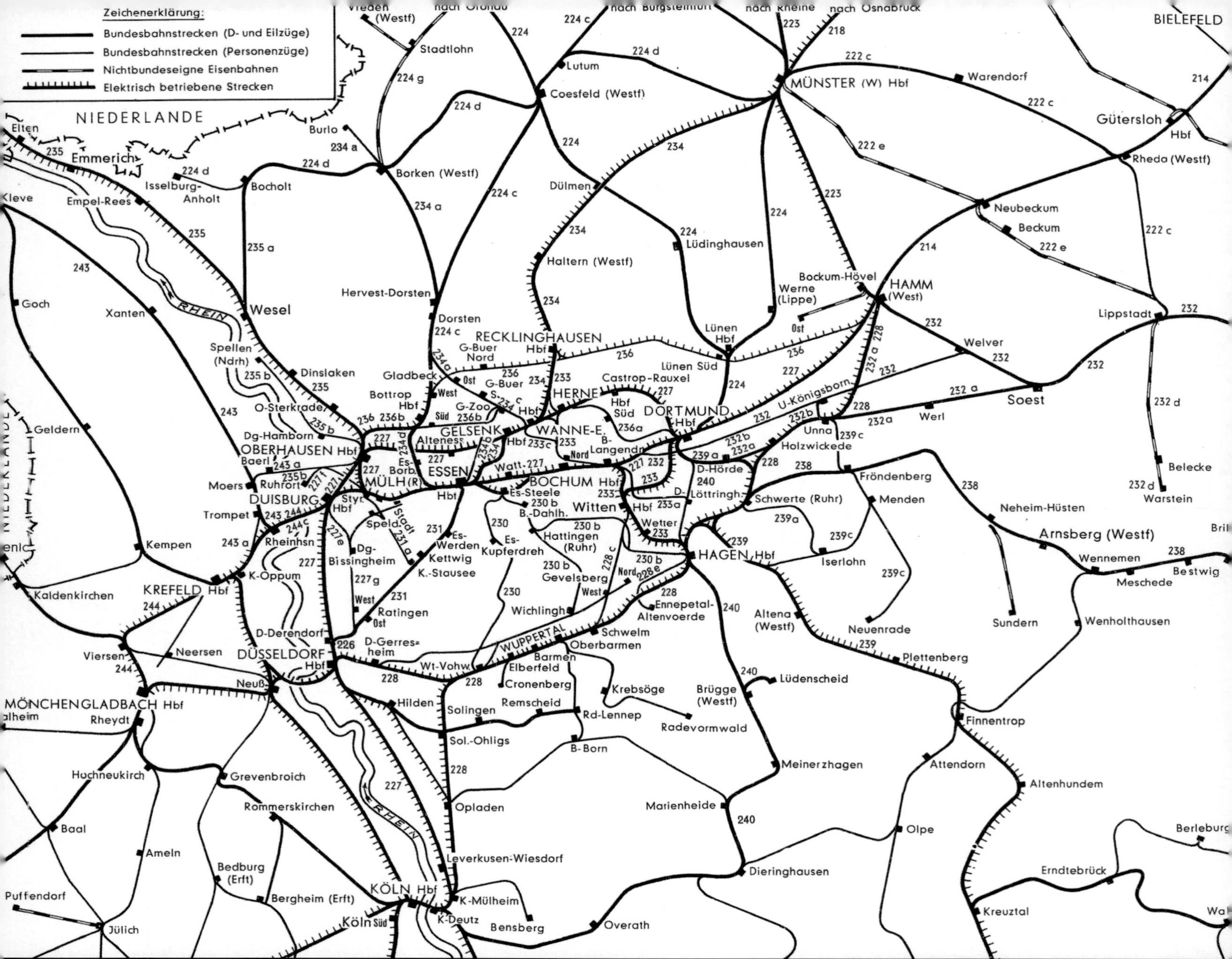

Karte der im planmäßigen Personenverkehr bedienten Eisenbahnstrecken des Ruhrgebietes im Winterfahrplan 1967/68. (Quelle: Amtlicher Taschenfahrplan der Bundesbahndirektion Essen)

Sommer 1954 in Essen-Werden. Die gerade mal ein Jahr alte und noch nicht im Plandienst eingesetzte V 200 003 kuppelt von einem Sonderzug mit mehreren (roten) Gesellschafts- bzw. Sonderwagen ab, Manfred van Kampen hält die Szenerie im Bild fest. Leider wissen wir nicht, warum dieser Zug nach Werden kam. Galt sein Besuch der damals jährlich stattfindenden Verkehrsausstellung, oder war hoher Besuch zur Villa Hügel gebracht worden bzw. von dort abzuholen?

Das im Personenverkehr befahrene Streckennetz war in den Fünfzigern (und Sechzigern) noch um einige kleinere Verbindungen dichter als das heutige, aber auf vielen zweitrangigen Strecken war das Angebot mager und oft nur auf den Berufsverkehr ausgerichtet. Vor lokbespannten Personenzügen waren vor der Elektrifizierung (dazu gleich mehr) in aller Regel Dampfloks im Einsatz, der Wagenpark bestand nicht selten noch aus Abteilwagen. Dieselloks waren noch sehr rar in den Fünfzigern, erst 1957 sollte das Bw Hamm seine ersten V 200 erhalten. Auch die ersten Schienenbusse (VT 95), die in den frühen Fünfzigern auch in den Bw Wuppertal-Steinbeck, Geldern und Oberhausen in Dienst gestellt wurden, waren – und blieben letztlich – im Ruhrgebiet eher Randerscheinungen und waren Mitte der Sechziger Jahre bereits weitgehend wieder verdrängt. Zwar gab es zudem auch Akku-Triebwagen, aber hierbei handelte es sich noch um Wittfeld-ETA der Vorkriegszeit. Ansonsten beschränkte sich das moderne Bild der Eisenbahn im Personenverkehr damals im Wesentlichen auf die drei- oder vierachsigen Umbauwagen, auf die Mitteleinstiegswagen (also eine frühe Familie moderner vierachsiger Fahrzeuge für leichte Schnellzüge) sowie auf die ersten 26,4-m-D-Zugwagen.

Dieses für die Fünfziger Jahre prägende Bild wurde gegen Ende des Jahrzehnts auf den wichtigsten Strecken endlich durchbrochen. Im Ruhrgebiet begann die so genannte Inselelektrifizierung („Insel“ deshalb, weil man damals vom elektrischen Streckennetz im Süden und Südwesten Deutschlands noch isoliert

Am 19. Oktober 1956 entstand an der Laderampe des Güterbahnhofs Oberhausen diese Aufnahme von V 200 028 vor 05 002. Hier fand aus Anlass des hundertjährigen Bestehens der Strecke Oberhausen – Niederlande eine Fahrzeugschau statt, zu der die Bundesbahn auch diese beiden Paradepferde beisteuerte.

war), als erste Magistrale wurde die im Personenverkehr auch heute noch weitaus wichtigste, die Bergisch-Märkische Strecke (Düsseldorf –) Duisburg Hbf – Essen Hbf – Wattenscheid/Steele – Bochum Hbf – Dortmund Hbf – Hamm zum 2. Juni 1957 dem E-Betrieb übergeben. Gleichzeitig wurden auch die ersten der neu entwickelten ET 30 (ab 1968: Baureihe 430) im neuen Ruhrschnellverkehr eingesetzt, allerdings in gerade mal 18 Exemplaren (sechs weitere waren damals noch im Raum Nürnberg anzutreffen), daneben dominierten beim elektrischen Regionalverkehr rasch E 41 mit konventionellen Nahverkehrszügen.

Am 16. April 1959 wurde der E-Betrieb zwischen Düsseldorf und Köln aufgenommen, damit war das Ruhrgebiet an das südwestdeutsche E-Netz angebunden. Vor Schnellzügen sah man nun die ersten E 10, im Güterverkehr tauchten die ersten E 40 und E 50 auf – aber sie waren zunächst nur Farbtupfer.

Die nächsten größeren Elektrifizierungs-Fortschritte in Kürze: Am 1. Juni 1959 Duisburg – Oberhausen und am 28. Mai 1961 Oberhausen – Altenessen – Gelsenkirchen – Wanne-Eickel – Dortmund, womit auch die Köln-Mindener Stammstrecke eingebunden war. Am 27. Mai 1962 begann der E-Betrieb von Essen Hbf über Kray Nord nach Gelsenkirchen, am 26. Mai 1963 von Wanne-Eickel bis Recklinghausen, am 1. Oktober 1963 von dort bis Haltern; Haltern – Münster sowie Hamm – Münster waren am 12. September 1966 an der Reihe. Die dritte große West-Ost-Strecke des Ballungsraums Rhein Ruhr, nämlich Köln – Wuppertal – Hagen – Unna – Hamm bzw. Hagen – Witten – Dortmund

Ein letztes Aufbäumen des Dampfbetriebs: Die soeben bei Krupp fertiggestellte 10 001 soll an die Bundesbahn abgeliefert werden und wird im Ausbesserungswerk Mülheim-Speldorf im Frühjahr 1957 für ihre ersten (Probe–) Fahrten im DB-Netz vorbereitet.

erlebte die Eröffnung des E-Betriebs zum 29. Mai 1964; weitere Daten werden an passender Stelle im Bildteil dieses Buches nachgereicht.

Werfen wir noch einen Blick auf den Dampflok-Fuhrpark jener Zeit, und fangen wir mit den großen Maschinen an. Von außerhalb – sprich: über die Rollbahnen von/nach Norddeutschland (Münster/Hamburg und Hannover) – kamen die 01 und 01.10 ins Revier, vor Eilzügen, etwa aus Mönchengladbach oder aus Rheine, auch die 03. Im Personenverkehr hatte längst eine große Bereinigung stattgefunden. Typisch war in den frühen Sechzigern noch die Baureihe 78 (preuß. T 18), also eine vergleichsweise junge Lok, die als leistungsstark und zuverlässig galt und zudem vorwärts wie rückwärts gleich schnell fahren konnten – Flexibilität war und ist Trumpf im dichten Verkehr des Reviers. Viele dieser Loks waren für den Wendezugeinsatz ausgerüstet.

Neben den 78ern spielte die in den Fünfzigern entstandene Baureihe 65, welche die T 18 eigentlich hatte verdrängen sollen, noch eine gewisse Rolle, allein schon der Stückzahl wegen aber keine herausragende. 1966 gab das Bw Essen die Dampflokunterhaltung auf, damit verschwanden die 65er aus dem Revier und die Baureihe 78 verlor hier eine ihrer letzten Hochburgen. Vielerorts, ab 1963/64 aber nur noch gelegentlich anzutreffen war Anfang der Sechziger die Baureihe 38.10 (preuß. P 8), und natürlich fuhr auch die universell einsetzbare Baureihe 50 diesen oder jenen Reisezug, desgleichen die Baureihe 41.

Während im Ruhrgebiet selbst bis Mitte der Sechziger Jahre die Installation des elektrischen Betriebs weitgehend abgeschlossen wurde, drangen an den Rändern des Ballungsraumes erstmals in größerer Stückzahl Dieselloks in die alten Dampf-Bastionen vor. Im Herbst 1966 verlor das große Bw Hagen-Eckesey seine letzten Dampfloks, zu den dort schon seit einigen Monaten vorhandenen Elloks gesellten sich im Sommer 1966 von Krupp abgelieferte V 160; bereits Anfang der Sechziger hatte Hagen seine ersten V 100 erhalten, desgleichen Krefeld, Wuppertal-Steinbeck und Münster. Die Wege dieser Loks führten natürlich auch ins Revier ...

Alles in allem muss man jedoch feststellen, dass im Ruhrgebiet die Dieseltriebfahrzeuge zahlenmäßig immer nur eine Nebenrolle spielten. Anders ausgedrückt: Die eigentliche Ablösung der Dampfloks geschah durch die Elektrotraktion, die bis heute ganz klar dominiert, vielerorts sogar – von ein paar Diesel-Kleinloks abgesehen – ganz allein. 1970 konnte man im Regel-Personenverkehr nur noch in höchst seltenen Ausnahmefällen mal eine Dampflok vor dem Zug erleben; im Güterverkehr zog sich das Ende bekanntlich bis 1977 hin – hier wurde der Lok-Wechsel später vollzogen. Im zweiten Band dieses Werkes werden wir dann auch darauf eingehen.

Das schon von der Reichsbahn eingeführte System leichter und schneller F-Züge nahm auch die Bundesbahn wieder auf, vor den vor allem für zahlungskräftige Geschäftsreisende gedachten Zügen kamen auch die ursprünglich mit Stromlinienverkleidung ausgestatteten 03.10 zum Einsatz (Aufnahme der 03 1055 im Bw Dortmund Betriebsbahnhof von 1954). Ab 1957 wurden die 26 Bundesbahn-03.10 umfassend (aber unglücklich) modernisiert (neue Kessel etc.), bereits bis 1966 musterte die DB die letzten der inzwischen in Hagen-Eckesey stationierten Loks aus. Zu den (nationalen) F-Zügen gesellten sich ab 1957 als internationale Top-Angebote die TEE, beide Gattungen gingen später de facto im Intercity/Eurocity-System auf.

Ein eher unglamouröser Zug begegnet uns hier im Hauptbahnhof Wanne-Eickel, die Aufnahme von Peter Hauswald entstand vermutlich im Sommer 1963. E 40 402, erst Ende des Jahres 1962 an die Bundesbahn abgeliefert, hat einen Schnellzug am Haken, der offensichtlich um zwei betagte Wagen aus frühen Reichsbahnzeiten verstärkt wurde. Die damals neu dem Bw Dortmund Bbf zugeteilten Güterzugloks der Baureihe E 40 waren offenbar im Güterverkehr anfangs nicht voll ausgelastet (die wichtigen Hauptabfuhrstrecken vom Revier nach Norden und Osten waren ja noch nicht elektrifiziert), man sah sie häufiger vor Reisezügen.

Entlang der Köln-Mindener Bahn

„Lokwechsel" heißt dieses Buch, beginnen wir also das erste Hauptkapitel mit Bildern von einem – Lokwechsel. Es ist der 2. November 1963 morgens gegen 10 Uhr im Duisburger Hauptbahnhof, soeben ist der F 10 „Rheingold" Amsterdam – Basel mit V 200 084 (Bw Hamburg-Altona) an der Spitze in Duisburg angekommen (die Strecke Arnheim – Emmerich – Oberhausen ist damals noch nicht elektrifiziert), die mächtige Diesellok nimmt vom „Rheingold" einen Kurswagen für den F 22 „Rheinpfeil" Dortmund – München mit, der dem F 10 in sechsminütigem Abstand folgt. Umgekehrt hatte der „Rheinpfeil" Kurswagen für den „Rheingold", den ab Duisburg an diesem Tag die E 10 1269 (Bw Heidelberg) übernimmt.

Die Wagen von „Rheingold" und „Rheinpfeil" sowie die dafür bestimmten Elloks waren zunächst noch blau-elfenbein lackiert, wenig später setzte sich dann das TEE-typische Bordeauxrot-Elfenbein durch, schließlich waren die beiden Renommierzüge 1965 auch zu TEE-Zügen (TransEuropExpress) erhoben worden. In dieser Variante sehen wir die E 10 1308, wie E 10 1269 eine für 160 km/h ausgelegte Lok der Baureihe E 10, im Frühjahr 1968 im Duisburger Hauptbahnhof.

Weiter geht es auf der Köln-Mindener Strecke bis Oberhausen. Im dortigen Hauptbahnhof, der nach der Zerstörung im Zweiten Weltkrieg erst 1954 wieder eröffnet werden konnte, begegnet uns am 31. Mai 1962 die 01 1073 des Bw Osnabrück Hbf mit D 95 von Köln nach Hamburg. In Wanne-Eickel wird der Zug auf die damals noch nicht elektrifizierte „Rollbahn" wechseln. Bei einigen in Köln und den in Düsseldorf beginnenden bzw. endenden Zügen verzichtete man auf einen Lokwechsel und fuhr auch das vergleichsweise kurze Streckenstück unter Fahrdraht mit Dampf.

Im Personenverkehr an sich nichts zu suchen hatten die Güterzugloks der Baureihe 55, hier die 55 3735 (Bw Duisburg Hbf), die offenbar eine Wagengarnitur abzieht (23. Juni 1963).

Die mit der Baureihe 55 (preuß. G 8) verwandte 38.10 (preuß. P 8) hingegen gehörte in den Sechzigern noch zum gewohnten Bild der meisten Personenbahnhöfe. Während die 38 2769 (Bw Krefeld) die Normalausführung repräsentiert, hat die im nordwestlichen Vorfeld des Hauptbahnhofs Oberhausen am 31. Mai 1962 abgelichtete 38 3111 (Bw Duisburg Hbf) einen Kurzschornstein, der ihr Fahrten bis ins niederländische Streckennetz erlaubt; in Oberhausen zweigt von der Stammlinie der KME die ebenfalls von dieser Gesellschaft gebaute Strecke über Wesel und Emmerich in Richtung Niederlande ab.

Im Gleisdreieck zwischen KME-Stammstrecke und der Strecke über Wesel nach Emmerich lag das Bw Oberhausen Hbf, vor dem am 23. Juni 1963 die V 200 068 (Bw Hamm) und V 100 1106 (Bw Krefeld) Aufstellung genommen haben (rechte Seite). Die V 200 war vorrangig für die Emmericher Schnell- und Eilzüge zuständig, der V 100 oblagen Aufgaben im Regionalverkehr. Diese Jobs teilte sie sich mit Schienenbussen und Akkutriebwagen. Die beiden Fotos auf dieser Seite entstanden am 23. Juni 1963 (oben) bzw. am 20. Mai 1962 im Bw Oberhausen.

V200068
V 100 1106

Dieses Bild führt uns an die Strecke in Richtung Niederlande, im Hintergrund das Bw Oberhausen Hbf. Die Schienenbus-Garnitur hat am 23. Juni 1963 soeben ihre Fahrt, die sie vermutlich nach Emmerich führen wird, begonnen. Genau 90 Minuten war man damals im VT 95 auf den 61 km zwischen diesen beiden Städten unterwegs. Bereits ab 1954 kamen auf der Strecke Oberhausen – Wesel (– Emmerich) die einmotorigen Schienenbusse zum Einsatz und lösten die Dampftraktion ab.

Bei schwach ausgelasteten Zugangeboten waren die Schienenbusse also nicht nur auf Nebenbahnen, sondern auch auf Hauptstrecken eine kostengünstigere Alternative zum lokbespannten Zug. Die gleichen Aufgaben oblagen auch den Akku-Triebwagen, die letztlich für das Ruhrgebiet typischer werden sollten als die Schienenbusse. Über Jahrzehnte hinweg gehörte das Eisenwerk unweit des Hauptbahnhofs zu den eindrucksvollsten Monumenten der Montanindustrie in Gelsenkirchen. Dieser am 21. April 1968 aufgenommene ETA 150 dürfte nicht im Planeinsatz unterwegs sein, die damals typische Gelsenkirchener ETA-Strecke, nämlich die Emschertalbahn Oberhausen Hbf – Bottrop Süd – Gelsenkirchen Zoo – Wanne-Eickel Hbf – Castrop-Rauxel Süd – Dortmund Hbf, berührte den Hauptbahnhof ja nicht.

Wir haben Wanne-Eickel erreicht, wo von der KME-Stammstrecke die Magistrale über Münster, Osnabrück und Bremen nach Hamburg abzweigt, die so genannte Rollbahn. Erst 1962-66 wurde auf dieser vom Ruhrgebiet ausgehend über Münster hinaus bis Osnabrück der elektrische Betrieb aufgenommen, 1968 bis Hamburg. Bis Mitte der Sechziger also konnte man im Hbf Wanne-Eickel häufig Lokwechsel beobachten, so wie hier am 5. Februar 1962 (Seite rechts). Die 01 1053 hat einen Schnellzug Hamburg – Köln gebracht, jetzt übernimmt die blaue E 41 057 des Bw Dortmund Bbf, die uns in diesem Buch noch häufiger begegnen wird, den Zug; sieben Minuten Zeit ließ der Fahrplan für dieses Manöver.

Ohne Lokwechsel ist der Nahverkehrszug mit 78 248 (Bw Essen) im Bild oben unterwegs, aufgenommen am selben Tag.
Die Lok hatte 1955 eine Wendezug-Einrichtung erhalten.

2
E41 057

Für die Behandlung der Loks konnte man in Wanne-Eickel auf zwei Betriebswerke in unmittelbarer Nähe des Hauptbahnhofs zurückgreifen. Im Nordwesten des Personenbahnhofs lag das traditionelle Personenzug-Bw mit seinem Ringlokschuppen, dort sind die Abbildungen der ölgefeuerten 01 1060 (Foto rechts unten, 31. Mai 1963) und der kohlegefeuerten 01 1097 (großes Foto) entstanden. Man beachte die Abdeckklappen auf dem fünfachsigen Tender, wie man sie sonst nur von vierachsigen Tendern der Baureihen 03.10 und 50.40 kennt. Das Foto rechts oben führt uns ins Bw Wanne-Eickel Rbf östlich des Hauptbahnhofs, das im Gegensatz zum anderen noch heute zumindest in Rudimenten existiert. Auf der Drehscheibe wird soeben 01 196 (Bw Osnabrück Hbf) gewendet (25. Juni 1962).

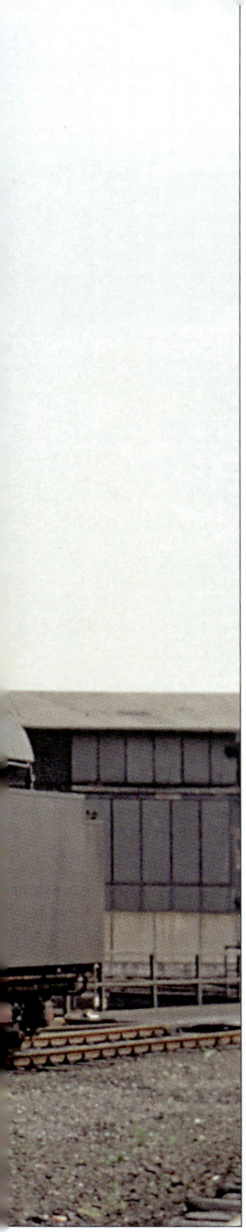

Wanne-Eickel bereits wieder hinter sich gelassen hat 01 1060 in dieser Aufnahme vom 26. Mai 1963, in der so genannten langen Wanne bei Recklinghausen führt sie den E 525 in Richtung Hamburg. Am 1. Oktober des selben Jahres wurde der E-Betrieb zwischen Recklinghausen und Haltern aufgenommen.

Ohne Halt passierten die eleganten TEE-Züge Wanne-Eickel. Am 6. Juli 1964 brummt der TEE „Parsifal" Paris – Köln – Hamburg durch den Ostkopf des Bahnhofs (rechte Seite).

Das Foto links unten zeigt einen ebenfalls in den Fünfzigern entwickelten Triebzug, den im Regionalverkehr eingesetzten und nicht annähernd so glamourösen ET 30. Der „Eierkopf" hat soeben Wanne-Eickel in Richtung Dortmund verlassen (5. Februar 1962), im Hintergrund der Wasserturm des Personenzuglok-Bw.

TRANS EUROP EXPRESS
TEE
Wbo
290

Am 23. September 1967 um 15.10 Uhr sind alle Bahnsteiggleise im Hbf Recklinghausen belegt: E 10 154 (Bw Köln-Deutz) fährt gleich mit dem D 496 Hamburg – Düsseldorf aus (planmäßige Abfahrt: 15.09 Uhr), ein ET 30 ist soeben als Nahverkehrszug 1551 aus Essen angekommen und wird um 15.49 Uhr als 1554 zurückpendeln, rechts wartet an Gleis 3 eine 50er mit Kabinentender und dem Nahverkehrszug nach Hagen über Bochum Nord und Witten, der normalerweise mit einem Akku-Triebwagen gefahren wird (Recklinghausen ab 15.24 Uhr). Aber Triebfahrzeugausfälle sind eben nicht erst eine Erscheinung unserer Zeit ...

Am 13. März 1965 fährt aus Richtung Haltern kommend eine E 40 mit einer langen Garnitur von Umbau-Vierachsern in den Hauptbahnhof Recklinghausen ein, dessen Umfeld noch vom Bergbau bestimmt ist. Wasserturm und Schornstein im Hintergrund markieren den Standort des Bw Recklinghausen Hbf.

Am gleichen Tag wie die Aufnahme auf Seite 31 entstand auch diese vom Bw Recklinghausen Hbf (linke Seite). Neben Loks der Baureihe 50 konnte man dort natürlich Akku-Trieb- und -Steuerwagen sehen, die vom Recklinghäuser Betriebswerk aus damals quer durchs Ruhrgebiet auf Fahrt geschickt wurden.

Etwa das gleiche Alter wie die Fahrzeuge der ETA/ESA-150-Familie haben die Reviertypischen Wohnblocks im Bildhintergrund, die Aufnahme des Steuerwagens ESA 150 093 (Bild rechts) entstand am 5. Juni 1962 bei Recklinghausen. Das obere Foto wurde sechs Jahre später bei Wanne-Eickel an der Dorstener Strecke aufgenommen, der Triebwagen trägt bereits die neue 515-er Nummer. Typisch für diese Zeit war das blau-weiße Nachlösewagen-Schild (bis 1974).

E10 150

Nach unseren Stippvisiten entlang der Routen Wanne – Münster bzw. Wanne – Dorsten kehren wir zur Köln-Mindener Stammstrecke zurück, und zwar in den Bahnhof Herne. Am 30. Mai 1963 kommt aus Richtung Dortmund die E 10 150 (Bw Köln-Deutz) mit einem Schnellzug herein, der Lok stünde eine gründliche Wäsche mal gut zu Gesicht (linke Seite).

Wesentlich frischer sieht – trotz des Revier-typischen Dunstes – da schon E 41 057 aus, ebenfalls im Frühjahr 1963 in Herne aufgenommen. Die damals wie auch E 10 150 rund fünf Jahre alte Lok führt einen D-Zug in Richtung Dortmund.

Noch einmal sei ein Abstecher zu den ETA und zu einer anderen Strecke gestattet. Das Bild oben führt uns nach Bergkamen (im Hintergrund das Bergwerk Haus Aden) an der Strecke Hamm – Lünen Süd – Recklinghausen Ost – Bottrop Hbf – Oberhausen, die an sich für den Güterverkehr gebaut worden war und im Personenverkehr auch nur von Regionalzügen planmäßig benutzt wurde. Als die Aufnahme des in Richtung Recklinghausen fahrenden ETA am 12. Juli 1967 gemacht wurde, war die Strecke hier seit zwei Monaten elektrifiziert. Man hätte also mit „richtigen" E-Loks oder -Triebwagen ohne Akkus fahren können, behielt die ETA-Einsätze aber noch bis zum Ende des Personenverkehrs 1983 bei.

Eine „richtige" E-Lok sehen wir im Bild rechts: Auf der Köln-Mindener Strecke passiert eine „Bügelfalten"-E 10 mit einem langen D-Zug im April 1964 das Bergwerk Hansa in Dortmund-Huckarde.

Wir sind in Dortmunds Mitte angekommen (Sommer 1958). Der Blick vom Hochhaus der Union-Brauerei, in der damals noch ganz einfach das Bierbrauen und nicht wie heute hohe Kultur gepflegt wurde, geht über den Hauptbahnhof hinweg zur Westfalenhütte. Während von dieser nicht viel geblieben ist, gehört der Schornstein des VEW-Kraftwerks (am Bildrand rechts) noch immer zum Dortmunder Stadtbild. Diese Aufnahme macht auch deutlich, wie bescheiden doch das in den Fünfzigern neu gebaute Empfangsgebäude ausgefallen ist, kein Vergleich zu seinem imposanten Vorläufer von 1910, der dem Luftkrieg zum Opfer gefallen war.

Auch der Treppenaufgang zu den Kopfgleisen ist noch nicht gebaut.

Am rechten Bildrand unten wird in Vorbereitung für die Bundesgartenschau 1959 eine Grünanlage mit Springbrunnen hergerichtet.

Im September 1964 war auch im Dortmunder Hauptbahnhof die Dampftraktion noch sehr gegenwärtig. Im Bild oben verlässt 03 184 (Bw Rheine) soeben die Wagengarnitur des Eilzuges E 566 Wilhelmshaven – Mönchengladbach, der via Münster und Lünen in der Bierstadt angekommen ist. Eine E 41 wird die weitere Fahrt in Richtung Rheinland übernehmen und hat sich schon vor den Zug gesetzt, als eine P 8 (38 4003 des Bw Gronau) durchs Bild rollt (rechte Seite). Auch die 41 027 (Bw Hamm) war an diesem Tag im Dortmunder Hauptbahnhof zu erleben (links unten).

Fünf Jahre später, September 1969: 660 516-6 und sein Steuerwagen stehen bereit für die Fahrt über Lünen, Dülmen und Coesfeld nach Gronau. Die Fahrten zwischen dem nordwestlichen Münsterland und dem Ruhrgebiet gehörten zu den typischen Aufgaben der damals vom Bw Rheine eingesetzt letzten VT 60 der Bundesbahn. Das hier abgebildete Fahrzeug wurde als letztes seiner Art zum 1. August 1972 ausgemustert. Zwei Triebwagen dieser Bauart wurden dann noch einige Jahre als Bahndienstfahrzeuge (BR 723) eingesetzt.

Ebenfalls vom Bw Rheine aus eingesetzt wurden bekanntlich die letzten kohlegefeuerten 01.10 der Bundesbahn. Diese Aufnahme zeigt die 01 1093 im Mai 1968 im Dortmunder Hauptbahnhof. Der E 527, den sie zu befördern hat, hat Bremen zum Ziel (über Münster und Osnabrück). Die Lok wurde wenig später noch dem Bw Braunschweig zugeteilt; vor allem, um dem Bundesbahn-Zentralamt Minden vor Messzügen zur Verfügung zu stehen.

Wenden wir uns wieder der modernen Traktion zu! E 10 1310 (Bw Nürnberg Hbf) steht Anfang 1968 mit dem TEE 22 „Rheinpfeil" abfahrbereit im Dortmunder Hauptbahnhof. Um 9.16 Uhr beginnt die Fahrt, acht Stunden und 14 Minuten später, um 17.30 Uhr wird der Zug, immerhin einer der namhaftesten der Bundesbahn, sein Ziel München Hbf erreichen. Zum Vergleich: Heute braucht man mit dem ICE nicht einmal mehr sechs Stunden.

Die Aufnahme auf der Seite rechts (Juni 1967) zeigt den TEE 25 „Diamant" von Dortmund nach Brüssel. Die Westfalenmetropole wurde um 16.46 Uhr verlassen, um 20.39 Uhr endete nach 348 km die Reise in Brüssel.

TEE

Wenn von modernen Loks der Sechziger Jahren die Rede ist, darf man natürlich auch nicht ganz über die 01 mit Neubaukessel hinwegsehen. Zwar ging die Zeit der Dampftraktion mit großen Schritten ihrem Ende entgegen, aber für viele Eisenbahnfreunde war die Neubaukessel-01 doch so etwas wie der Inbegriff einer modernen Dampflok. In Dortmund waren damals vorrangig Maschinen der Bw Paderborn und Rheine zu sehen. Hier sehen wir die Paderborner 01 133 vor einem Kirchentagszug nach Altenbeken am 8. September 1968.

Das Foto mit der E 10 und der Rheiner 01 187 im Hintergrund entstand am 14. März 1966, die Ablichtung der Hammer V 200 078 (rechte Seite) vor dem E 566 Wilhelmshaven – Münster – Mönchengladbach bereits im Juni 1961.

Ausgang
DB
V 200 078

Dortmund Hauptbahnhof, 4. Mai 1968: 01 133 des Bw Paderborn und eine unbekannt gebliebene V 200 verlassen gemeinsam mit dem wegen der Hannover-Messe überplanmäßig schweren D 197 Paris Nord – Hannover um 8.55 Uhr den Dortmunder Hauptbahnhof; normalerweise wurde hier von E-Traktion auf eine V 200 umgespannt. Der D 197 führte damals bis Dortmund Schlafwagen der SNCF mit. Da diese hier planmäßig aus dem Zugverband genommen wurden, erfolgte auch schon jetzt und nicht erst in Hamm, bis wohin der Fahrdraht ja längst reichte, der planmäßige Wechsel von E- auf Diesellok.

41 355 (Bw Hamm) steht im Juni 1965 mit dem P 1620 Hamm – Unna abfahrbereit im Hauptbahnhof Hamm. Bereits ein Jahr zuvor war auf dieser Verbindung der E-Betrieb aufgenommen worden, aber für einen mittäglichen Schülerzug wie diesen nahm man dann doch eine der reichlich vorhandenen Dampf- anstelle einer der noch immer raren Elloks.

10 001

Linke Seite: 10 001 des Bw Kassel macht im Dezember 1967 mit E 687 von Bebra über Paderborn nach Münster Zwischenstopp im Bahnhof Hamm. Die leistungsfähigste und jüngste deutsche Schnellzugdampflok war damals schon nur noch für Eilzüge zwischen Kassel und Münster gut, die „hochwertigeren" D-Züge zwischen Kassel und Hamm bespannte man inzwischen mit V 160 und V 200; noch im Juni 1968 wurde die schon seit Monaten z-gestellte 10 001 ausgemustert.

Beenden wir dieses Kapitel mit einer Aufnahme der 01 103 des Bw Paderborn, aufgenommen im April 1967 im Hauptbahnhof Hamm. Mit mächtigen Auspuffschlägen setzt sie sich vor dem Messeschnellzug D 325 von Köln nach Hannover in Bewegung. Wer möchte hier nicht noch einmal am Bahnsteig stehen und dem Schauspiel beiwohnen?

Auf der Rheinischen Eisenbahn

Von den drei großen westdeutschen Bahnunternehmen baute die Rheinische Eisenbahngesellschaft, die traditionell linksrheinisch orientiert war, als letzte ihr Netz im Ruhrgebiet auf. Bei ihren Strecken handelte es sich denn auch nicht um die großen Durchgangsrouten, sondern eher um kleinere, für den regionalen Güterverkehr – sprich: die Erschließung der Zechen, Stahlwerke usw. – gedachte Verbindungen. So ist es kein Wunder, dass die Strecken der Rheinischen bis auf wenige Ausnahmen im Ruhrgebiet für den Personenverkehr eher marginale Bedeutung hatten.

Die beiden Abbildungen dieser Doppelseite geben dafür ein gutes Beispiel. Sie entstanden am 21. Juni 1968 und zeigen einen Arbeiterzug für Beschäftigte des AW Duisburg-Wedau, der im gleichnamigen Bahnhof nach Schichtende seine Reise beginnt (linke Seite) und die Eisenbahner quer durchs Revier nach Hause bringt, und zwar über die „Rheinische Güterbahn", also über Mülheim-Speldorf (Foto oben) und Essen Nord, dann auf Gelsenkirchen zu abschwenkt (die „Rheinische Güterbahn" ging bekanntlich weiter via Bochum Nord und Langendreer nach Dortmund) und schließlich sein Ziel Recklinghausen erreicht. Die Arbeiterzüge waren die letzten Reisezüge auf der „Rheinischen" westlich von Bochum.

In Mülheim (Ruhr)-Heißen zweigte von der „Rheinischen" die von der gleichen Gesellschaft gebaute Strecke über Essen-Rüttenscheid nach Essen-Steele Süd ab, auch sie ursprünglich eine typische Kohlenbahn. Hier endete ebenfalls bereits in den Sechzigern der äußerst spärliche Reiseverkehr. Die beiden Aufnahmen aus dem Bahnhof Rüttenscheid entstanden am 8. September 1968 und zeigen (Ev.) Kirchentags-Sonderzüge (EKt), die 50er gehörten zum Bw Oberhausen-Osterfeld Süd.

Rechte Seite: An einem eiskalten Wintertag Anfang des Jahres 1962 nähert sich der F 4 „Merkur" Hamburg – Münster – Gelsenkirchen – Essen – Köln – Frankfurt am Main unweit Block Frillendorf dem Essener Hauptbahnhof. Im Hintergrund erhebt sich der Förderturm der Zeche Ernestine, im Vordergrund sieht man die eingleisige Strecke Essen – Essen-Katernberg Nord – Gelsenkirchen Heßler – Gelsenkirchen Zoo. Einige Wochen später, am 27. Mai 1962, wurde der E-Betrieb auf der (im westlichen Teil von der Rheinischen gebauten) Hauptstrecke Gelsenkirchen – Essen aufgenommen.

78 075

Links: Bochum, Mai 1963: Der aus Hagen über Witten und Bochum Nord gekommene „Borkener“ (N 3877) hat soeben die „Rheinische Güterbahn“ verlassen, passiert den Bahnübergang beim Riemker Stellwerk P und schwenkt auf die Strecke nach Wanne-Eickel ein. Abfahrt in Hagen war um 17.01 Uhr, Ankunft in Borken ist um 19.46 Uhr – wer möchte da nicht mitfahren!?

Auch das Foto oben zeigt den „Borkener“, diesmal auf dem Weg in Richtung Hagen als N 3884 und aufgenommen kurz vor Einfahrt in den Bahnhof Bochum-Langendreer. Im Hintergrund sieht man den Hochbunker der Zeche Bruchstraße (heute Opel-Werk III), die Brücke gehört zur Zechenbahn, die zum Langendreerer Rangierbahnhof führte. Reststücke ihres Damms sind heute noch in der Nähe der Salzstraße in Langendreer vorhanden.

Eine besondere Rolle spielte die von der Rheinischen Eisenbahngesellschaft gebaute Strecke von Oberhausen über Dorsten, Coesfeld und Rheine nach Quakenbrück, die in Kombination mit der Oldenburgischen Staatseisenbahn vor allem der Kohlenversorgung der Kaiserlichen Marine in Wilhelmshaven dienen sollte. Neben diesem Hauptzweck, der sich nach der Eisenbahnverstaatlichung um 1880 schnell erübrigte, hatte die Quakenbrücker Bahn nur regionale Aufgaben. Immerhin, Ende der Sechziger Jahre setzte die DB auf der Route Rheine – Oberhausen sogar Rheiner 01-Schnellzugloks ein, vor Nahverkehrszügen wohlgemerkt!

Die beiden Fotos auf der linken Seite zeigen den abendlichen N 2620 Rheine – Oberhausen im Juli 1968 im Hauptbahnhof Oberhausen bzw. im September 1968 in Bottrop (unten). Zwei Stunden und 41 Minuten dauerte die 109 km lange Reise.

Das Foto oben entstand ebenfalls im September 1968 im Hbf Oberhausen und zeigt den morgendlichen Gegenzug nach Rheine (N 2601), diesmal bespannt mit der ölgefeuerten Rheiner 41 083. Abfahrt in Oberhausen ist um 4.15 Uhr, Ankunft in Rheine um 7.21 Uhr.

Die BME-Magistrale und ihre Zweigstrecken

Auch dieses Kapitel beginnen wir mit einem Bild des „Rheinpfeil", diesmal aufgenommen 1962 im Essener Hauptbahnhof. Da die Waggonhersteller mit der Lieferung passender Wagen in Verzug geraten sind, müssen ein normaler 1.-Klasse-Wagen (Am) sowie ein älterer Speisewagen aushelfen; der Wagen mit Aussichtskanzel, Markenzeichen von „Rheingold" und „Rheinpfeil", ist aber schon dabei.

„Rheingold“ und „Rheinpfeil“ waren zunächst der Gruppe der F-Züge zugeordnet, nicht den noch höherrangigen TEE. Die F-Züge hatte die Bundesbahn – so gut es damals ging – fahrplantechnisch untereinander verknüpft, sie führten nur die 1. Klasse, waren kurz und damit schnell. Vertaktet waren sie noch nicht, das kam erst Ende 1971 mit dem InterCity-Netz, mit dem das F-Zug-System weitestgehend auslief. Hier sehen wir 112 269 im Frühjahr 1969 mit einer typischen F-Garnitur aus drei Abteilwagen und einem Halbspeisewagen („Kakadu“) aus Essen ausfahren.

Neben modernen Elloks und „feinen" Zügen waren Mitte der Sechziger Jahre im Essener Hauptbahnhof auch noch solche Garnituren regelmäßig zu sehen. Die Baureihe 78 (preuß. T 18) war im Revier besonders beliebt, man konnte sie in beiden Richtungen gleichermaßen gut einsetzen, viele Maschinen waren sogar Wendezug-fähig. So auch 78 249, die hier auf beiden Fotos zu sehen ist. Das große Foto zeigt sie mit einem typischen Zug aus Umbauwagen und einem Mitteleinstiegs-Steuerwagen am Zugschluss (Bdymf). Auf der nächsten Doppelseite sehen wir ein solches Fahrzeug von vorn.

Ein Foto von einem „Eierkopf“ im Essener Hauptbahnhof darf natürlich nicht fehlen! Die Aufnahme von ET 30 012 entstand am 23. Juni 1963, das Fahrzeug ist gerade mal sechs Jahre alt, wirkt aber schon reichlich ramponiert. Im Hintergrund fährt ein Schnellzug in Richtung Osten aus, die Dampfwolke gehört nicht zu dessen Zuglok.

Das Foto links zeigt einen der schon erwähnten Mitteleinstiegs-Steuerwagen, hier als Schlusswagen eines Zuges nach Düsseldorf, aufgenommen an einem verregneten Sommertag des Jahres 1969. Im so genannten S-Bahn-Vorlaufbetrieb fuhren hier solche Züge aus „Silberlingen“ und Mitteleinstiegs-Steuerwagen, gezogen bzw. geschoben von einer E 41 bzw. 141, wie sie inzwischen hieß.

Zwei weitere Bilder aus dem Essener Hauptbahnhof: Während die jungen Bundesbahn-ETA 150 und ihre Steuerwagen auf den nicht elektrifizierten Strecken im Ruhrgebiet Anfang der Sechziger Jahre wahrlich nichts Außergewöhnliches mehr waren (wie hier ETA 150 576 des Bw Recklinghausen), konnte man die verbliebenen Dieseltriebwagen der Reichsbahnzeit nur da und dort aufspüren. In Nordwestdeutschland setzten damals Wuppertal-Steinbeck (VT 36; bis 1964), Köln-Nippes (VT 33, VT 36; bis 1963), Bielefeld (VT 33; bis 1967) und Rheine (VT 60; bis 1971) noch solche Fahrzeuge ein. Im Bild oben sehen wir den „Grenzland-Express“ nach Borken, auf den gleich noch einzugehen sein wird.

Auch im Bild oben sehen wir den „Grenzlandexpress“ Mönchengladbach – Düsseldorf – Kettwig – Essen – Bottrop – Borken – Ahaus – Gronau (das Stück Borken – Ahaus fuhr er auf den Gleisen der Westfälischen Landes-Eisenbahn WLE), aufgenommen im August 1961 im Essener Hauptbahnhof. Normalerweise wurde der „Grenzland-Express“ damals aus VT/VS der auf Seite 65 genannten Vorkriegstypen gebildet, hier aber ist offenbar mindestens einer der VT durch den lokbespannten Zug ersetzt worden (an dessen Schluss man jedoch noch zwei der alt-roten Fahrzeuge eingereiht hat). Warum, entzieht sich unserer Kenntnis ...

Recht einfach ist es, eine Aussage über die Aufgaben von 65 013 und 65 014 (aufgenommen im Hbf Essen am 8. April 1963) zu machen. Die modernen Neubaudampfloks beförderten vorwiegend Wendezüge auf der Verbindung Essen – Kettwig – Düsseldorf.

Hier sind wir an dieser Verbindung Essen – Kettwig – Düsseldorf, genauer: an der Kettwiger Ruhrbrücke. Das Foto der V 100 mit ihrem Wendezug entstand im Mai 1967, ein Jahr später wurde hier der elektrische Betrieb aufgenommen und der so genannte S-Bahn-Vorlaufbetrieb von Düsseldorf über Ratingen hinaus bis Essen Hbf ausgedehnt.

Die Kettwiger Ruhrbrücke aus anderer Perspektive. 65 012 schiebt am 23. September 1956 einen Zug aus Düsseldorf in Richtung Essen. 1966 wurden alle Essener Loks der Baureihe 65 nach Hessen abgegeben (Bw Limburg, Dillenburg), wo nun sämtliche achtzehn 65er stationiert waren. Als letzte wurde 1973 in Aschaffenburg die 65 018 ausgemustert, sie blieb als Museumslok in den Niederlanden erhalten und kommt heute gelegentlich mit Sonderzügen auch im Ruhrgebiet wieder zum Einsatz.

Für Wendezug-Einsätze waren wie die 65er auch die Essener Loks der Baureihe 78 ausgerüstet. Beim Blick ins Bahnbetriebswerk Essen Hauptbahnhof (Frühjahr 1962) sehen wir links 78 248; damals war die gesamte Reihe 78 243 bis 78 252 dort zu Hause, außerdem die Loks 78 440 bis 444. Im Sommer 1966 endete der 78er-Einsatz in Essen.

Die Bilder auf der Seite rechts (ebenfalls vom Frühjahr 1962) zeigen Loks anderer Betriebswerke, die im Bw Essen Hbf auf ihre nächsten Aufgaben warten: 01 1057 des Bw Osnabrück Hbf sowie die 03 064 des Bw Rheine mit dem für Rheiner Loks typischen kurzen Tender – für Einsätze in die Niederlande hinein, wo die Loks mit dem sonst üblichen längeren T34-Tender nicht auf die Drehscheiben gepasst hätten.

01 1057

03 064

Die legendäre preußische P8 (Baureihe 38.10) gehörte damals gewissermaßen zur Standardausrüstung eines größeren Dampf-Betriebswerkes, das Reisezugbespannung zu leisten hatte. Das war auch im Bw Essen Hbf nicht anders. Die 38 4016 war erst 1923 von der AEG an die Reichsbahn-Direktion Essen geliefert worden und wurde am 10. März 1965 ausgemustert. Im Jahr darauf verlor das Bw Essen Hbf auch die Baureihen 65 und 78 – und war damit „dampffrei“, wie man damals so schön sagte. Auch diese Aufnahmen entstanden im Frühjahr 1962.

Anfang Mai 1967 wurde im Vorfeld des (noch heute existierenden) Triebwagen-Betriebswerkes im Süden des Essener Hauptbahnhofs anlässlich der Jahrestagung des BDEF (Bundesverband Deutscher Eisenbahn-Freunde) eine große Fahrzeugausstellung präsentiert, bei der die DB noch einmal zeigte, was sie an schwarzen Rössern zu dieser Zeit zu bieten (gehabt) hatte. Die 01 105 des Bw Hannover fand denn auch sichtlich großes Interesse. Außerdem wurden ein paar Werkbahn-Dampfloks präsentiert, die aber kaum jemand beachtete.

Star der Ausstellung war natürlich die 10 001 des Bw Kassel, die damals im Regelbetrieb nur noch vor Eilzügen zwischen Kassel und Münster eingesetzt wurde. Am 5. Januar 1968, dreizehn Monate nach der Abstellung ihrer (einzigen) Schwester 10 002, kam auch für sie das Aus. Die 1957 bei Krupp in Essen fertiggestellte Lok ist noch heute vorhanden und im Deutschen Dampflokomotiv-Museum Neuenmarkt-Wirsberg zu bestaunen.

Wir haben das Essener Stadtgebiet verlassen und befinden uns im südwestlichen Vorfeld des Bochumer Hauptbahnhofs. Mit dem Eilzug 566 von Wilhelmshaven nach Mönchengladbach dampft eine Lok der Baureihe 03 im November 1960 der untergehenden Sonne entgegen. Die Lok hat den Zug in Osnabrück übernommen und bleibt bis Mönchengladbach davor.

Zwischen Bochum Hbf und Essen Hbf gibt es heute für den Personenverkehr zwei zweigleisige elektrische Hauptstrecken, beide Verbindungen wurden ursprünglich von der BME erbaut. Auf der über Wattenscheid-Höntrop führenden Strecke verkehrt die S-Bahn, die anderen Reisezüge fahren über Wattenscheid. Auf letztgenannter Route sehen wir hier im September 1967 den Vorläufer der S-Bahn in Form eines ET 30, aufgenommen von jener Brücke aus, über die die Straßenbahnlinie 10 (heute 310) von Höntrop über Bochum nach Witten-Heven fährt. Die neuen S-Bahnen verdrängten die „Eierköpfe" an den Rand des Reviers, bis 1984 wurden sie ausgemustert.

Nach den banalen widmen wir uns wieder den besonderen Zügen. Auf der Seite links ist der „Rheinpfeil“, zunächst als F-Zug klassifiziert und ab 1965 mit dem „Rheingold“ ins TEE-System erhoben, zu sehen. Das obere Foto zeigt ihn im Frühjahr 1963 auf der Fahrt von Dortmund in Richtung Essen kurz vor dem Bochumer Hauptbahnhof noch mit einer „frisierten“ Kasten-E 10, das untere Foto (Südausfahrt Bochum) bereits mit der passenden E 10.12 am 5. November 1963. 1971 ging der TEE „Rheinpfeil“ im neu eingeführten IC-System auf.

Als zweiter Nobel-Zug verkehrte auf der Achse Dortmund – Essen – Duisburg schon ab 1957 der TEE „Ruhr–Paris“ von Dortmund über Köln und Lüttich nach Paris Nord, gefahren normalerweise von VT 11.5 (ab 1960, bis dahin von französischen Dieseltriebwagen); stand keiner der legendären TEE-Triebzüge zur Verfügung, mussten VT 08.5 eingesetzt werden (Fotos südwestlich Bochum Hbf 1963). 1969 wurde das TEE-Paar „Ruhr-Paris“ auf lokbespannte Wagengarnituren umgestellt.

Dortmund war nicht nur Ziel- und Ausgangspunkt der TEE-Züge, sondern seit den Fünfziger Jahren auch zahlloser Touristik-Züge der Touropa und später auch von Firmen wie Scharnow, Hummel und TUI. Hier bringen im Juni 1960 zwei E 10 eine lange Touropa-Wagenschlage aus Richtung Essen kommend in den Bochumer Hauptbahnhof. Der ist damals noch ziemlich neu, erst drei Jahre zuvor hatte er den weiter „talwärts" liegenden und im Krieg schwer beschädigten alten Bochumer Hauptbahnhof abgelöst.

Am 13. Juni 1963 gelang Peter Hauswald diese ungewöhnlich aussehende Aufnahme. E 10 210 hat einen vierteiligen Doppelstock-Gliederzug der DDR-Reichsbahn am Zughaken, dem am Schluss noch ein weiterer Dosto-Einzelwagen beigefügt ist. Bei den Interzonenzügen war es nicht ungewöhnlich, dass die Reichsbahn Wagenmaterial einsetzte, welches nicht unbedingt die für Fernreisen optimale Komfortstufe gewährte. Um Vorbildtreue bemühten Modelleisenbahnern eröffnen solche Zugbildungen natürlich verführerische Möglichkeiten ...

Das Foto links führt uns noch einmal an eine Stelle, die wir bereits auf Seite 57 kennen gelernt haben: die südliche Einfahrt des Bahnhofs Bochum-Langendreer. Diesmal fährt der Zug – es handelt sich um den ebenfalls bereits erwähnten D 197 (siehe Seite 48) – aber nicht auf der ehemals Rheinischen Strecke, sondern der Bergisch-Märkischen, und zwar in Richtung Dortmund, an der Spitze die nagelneue E 10 146 (September 1960).

Im Bild oben sehen wir V 200 070 des Bw Hamm mit dem D 84 aus dem Bochumer Hauptbahnhof ausfahren (April 1964). Der aus Oberhausen kommende Zug wird in Langendreer auf die Wittener Strecke einschwenken und dann via Hagen und die Ruhr-Sieg-Strecke sein Ziel Frankfurt am Main ansteuern. Mit Beginn des Sommerfahrplans 1964 konnte auch zwischen Langendreer und Hagen elektrisch gefahren und die V 200 abgelöst werden.

BOCHUM HBF

Von der Lohring-Brücke am Ostrand der Bochumer Innenstadt aus machte Helmut Bittner diese beiden Aufnahmen. Links nähert sich die nagelneue E 40 171, die soeben den Bochumer Hauptbahnhof mit dem Schnellzug Mönchengladbach – Leipzig verlassen hat (September 1961). Im Hintergrund dehnt sich der Bahnhof Bochum Nord aus. Das Foto oben geht in die Gegenrichtung, aus Dortmund kommend rauscht E 41 076 mit einem Eilzug heran (April 1960). Im Hintergrund kreuzen sich die BME-Strecke, auf der die beiden Züge unterwegs sind, und die alte Rheinische Strecke, die durch den Nordbahnhof führt; in Bochum-Langendreer kommen sie erneut zusammen.

Im Juni 1960 brummt V 200 008, die noch den Schriftzug „DEUTSCHE BUNDESBAHN“ in erhabenen Lettern an den Längsseiten trägt, mit einem Touropazug frühmorgens durch den Bahnhof Bochum-Langendreer. Ein paar Minuten später wird die Fahrt im Dortmunder Hauptbahnhof enden. Ob die Urlauber wohl eine angenehme Nachtreise in den Liegewagen hatten?

Die folgenden Seiten sind ganz der modernen Traktion der Sechziger Jahre gewidmet. Den Anfang macht das beste Stück jenes Jahrzehnts, die 200 km/h schnelle E 03. Hier sehen wir die nagelneue E 03 002 im Jahre 1965 mit einem Präsentationszug im Bochumer Hauptbahnhof. Die vier Prototypen der legendären Ellok-Baureihe wurden vor allem in Süddeutschland vor Regelzügen eingesetzt, ins Ruhrgebiet kamen sie bestenfalls als Schaustücke.

Die alltägliche moderne Reisezug-Ellok der Sechziger Jahre war nicht bordeauxrot/beige, sondern blau mit silberfarbenem Dach und schwarzem Unterleib. Oben sehen wir im Dortmunder Hauptbahnhof die E 10 195 mit einem frisch gewaschenen 1.-Klasse-Abteilwagen (5. Juli 1964), mit dem sie sich vor den aus Hamburg (bis Dortmund mit V 200) ankommenden F-Zug „Gambrinus" setzen wird; rechts erstrahlt die E 41 059, aufgenommen im Mai 1963 in ihrem Heimat-Bw Dortmund Betriebsbahnhof.

Die E 10 195 war 1958 an das Bw Stuttgart abgeliefert worden, erst 1961 erhielt das Bw Dortmund Bbf eigene E 10. Die ebenfalls 1958 an die DB abgelieferte E 41 059 hingegen blieb im Bw Dortmund Bbf bis 1971, dann wurde sie dem Bw Hagen Eckesey zugeteilt – dem Ruhrgebiet und ihren Stammstrecken blieb sie damit treu.

E41 059
E41 059
DB

E10 340
2
E10 340

Wir bleiben im Bw Dortmund Betriebsbahnhof und sehen dort die nagelneue E 10 285, aufgenommen am 30. April 1963. Die Lok ist erst wenige Tage zuvor an dieses Bw abgeliefert worden. Ab der E 10 288 erhielt dieser Loktyp bekanntlich die als „Bügelfalte“ bekannte neue Kopfform. Besonders elegant wirkte die E 10 340 (Foto vom 3. Oktober 1964), die abweichend von der Serie eine hellgraue Lackierung des unteren Lokkastens erhalten hatte; 1964 war sie dem Bw Dortmund Bbf fabrikfrisch zugeteilt worden. Auch das dritte hier abgebildete typische Dortmunder Reisezug-Fahrzeug war blau: der weiter vorn bereits erwähnte Touropa-Wagen.

Hier, im östlich des Hauptbahnhofs gelegenen Dortmunder Betriebsbahnhof, der noch heute als „Werk Spähenfelde“ ein wichtiger Standort der DB ist, endet unsere Reise entlang der BME-Magistrale Essen – Dortmund. Aber wir werden in diesem Buch noch einmal nach Dortmund zurückkehren.

Weiter geht es auf einer anderen BME-Strecke, der Mittleren Ruhrtalbahn. Das Foto oben führt uns in den Bahnhof Hattingen, wo im April 1967 eine preuß. T 18 (BR 78) mit zwei Umbauwagen-Pärchen wartet. Die hier abgebildete Südseite des Keilbahnhofs Hattingen gehörte zur Strecke nach Wuppertal, die 1979 den Personenverkehr verlor; geblieben ist auf der Bahnhofssüdseite heute ein einziges Gleis, auf dem die S-Bahn nach Hattingen-Mitte fährt (und zwar auf der alten Wuppertaler Trasse).

Das kleine Foto zeigt einen Wendezug unweit der Zeche Dahlhauser Tiefbau zwischen Bochum-Dahlhausen und Hattingen, 1965 wurde hier die Förderung aufgegeben, bis 1972 die Tagesanlagen abgerissen.

Die Seite rechts führt uns nach Blankenstein (Ruhr). Eine vierteilige ETA/ESA-Garnitur verlässt am Nachmittag des 18. Juni 1967 den Bahnhof in Richtung Hattingen.

ENSTEIN (RUHR)

Wir verweilen noch einen Moment in Blankenstein. Neben dem unten im Ruhrtal liegenden Bahnhof des oben auf dem Berg liegenden Städtchens (es gehört heute zu Hattingen) befindet sich seit Jahrzehnten ein großer Schrotthändler, der sich wegen fortgesetzter Verwertung ausgedienter Loks und Triebwagen bei Eisenbahnfreunden einen traurigen Ruf erarbeitet hat – und das ist bis heute so.

Zwar wurden hier so gut wie keine Dampfloks zerlegt, aber an Wagen und Triebwagen fast alle Bauarten. Vor der Verschrottung wurden die Wagen ausgebrannt – heute unvorstellbar, aber bis Ende der Siebziger Jahre noch an der Tagesordnung.

Als Peter Hauswald am 5. November 1963 (ETA 177) bzw. im Sommer 1965 Blankenstein seine Besuche abstattete, waren ETA 177 110 und VT 36 507 ihrem Ende ganz nah. Die sogenannten Wittfeld-ETA (DB-Baureihen 177, 178 und 180) waren für das Ruhrgebiet typisch, die letzten wurden 1964 ausgemustert; nur ein einziges dieser noch aus preußischer Zeit stammenden Fahrzeuge ist erhalten geblieben – in Polen.

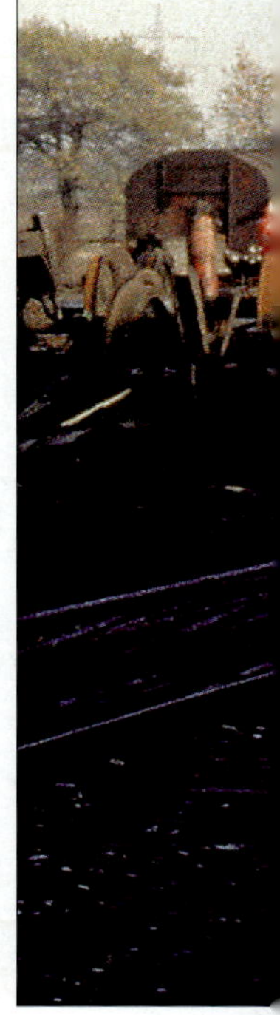

Vorsichtig verschieben
ETA 177 110

Nach dem Abstecher an die mittlere Ruhrtalbahn kommen wir nun zur Stammstrecke der Bergisch-Märkischen Eisenbahngesellschaft, also zur Magistrale Elberfeld – Hagen – Witten – Dortmund. Hier sehen wir im August 1968 im Hauptbahnhof Witten, wo von der Stammstrecke die BME-Linie nach Bochum-Langendreer abzweigt, die 119 012-3, eine der legendären Schnellfahr-Elloks der Reichsbahnzeit, vor dem D/E 83 von Frankfurt (Main) nach Oberhausen. Für einige wenige Jahre waren die ansonsten im Süden beheimateten vier E 19 dem Bw Hagen-Eckesey zugeteilt worden; dieses hatte nämlich mit dem Ende der Dampflok-Stationierung für seine zahlreichen Beschäftigten nicht mehr genug zu tun, sich aber zwischenzeitlich mit der Ellok-Unterhaltung anfreunden können. Aber es war wohl etwas Anderes, ob man eine robuste E 50 oder eine empfindliche E 19 in Schuss zu halten hatte, jedenfalls kehrten die E 19 bald wieder zum Bw Nürnberg Hbf zurück, wo sie in den Siebzigern ausgemustert wurden. E 19 12 alias 119 012-3 steht heute in roter Farbgebung und mit dem NS-„Pleitegeier“ an den Fronten im Nürnberger DB-Museum.

Ein ähnliches Schicksal wie die vier E 19 ereilte die sechs E 04 der Bundesbahn: Auch sie wurden aus Süddeutschland in den Norden abgegeben, wo sie den Arbeitsmangel in einem ehemaligen großen Dampflok-Betriebswerk beheben helfen sollten. So gelangten die E 04 17 bis 22 im Jahre 1968 zum Bw Osnabrück Hauptbahnhof, von wo aus sie vor allem auf den Strecken nach Münster und darüber hinaus nach Hamm und Dortmund eingesetzt wurden. Hier begegnen wir der 104 020-3, wie sie inzwischen hieß, im Juni 1968 frühmorgens im Dortmunder Hauptbahnhof vor dem E 4531 nach Münster. Erst wenige Tage zuvor war auf der Strecke (Dortmund –) Lünen – Münster der elektrische Betrieb aufgenommen worden.
Anders als die E 19 kehrten die E 04 nicht mehr in den Süden zurück, jedenfalls nicht für den alltäglichen Dienst; 1982 wurden die letzten in Osnabrück ausgemustert. Die hier abgebildete 104 020-3 steht heute in historischem Dunkelgrün und mit ihrer alten Nummer E 04 20 als technisches Denkmal vor der DB-Zentrale in Frankfurt am Main.

Wenn eben von ausrangierten Eckeseyer Dampfloks zu lesen war, so denken Eisenbahnfreunde natürlich zunächst an die Baureihe 03.10. Die 26 Exemplare dieser von der Bundesbahn umfassend modernisierten leichten Einheits-Schnellzuglok aus Reichsbahn-Zeiten waren in „Hagen-Eck“ stationiert und wurden dort bis Ende 1966 ausgemustert, allesamt wurden sie verschrottet. Hier sehen wir die 03 1049, die sich im September 1962 auf der BME-Stammstrecke bei Ennepetal-Milspe vor dem N 1642 nach Köln mächtig ins Zeug legt.

Auch die Baureihe 01.10 wurde eine Zeit lang vom Bw Hagen-Eck eingesetzt. Als Helmut Bittner im Oktober 1965 diese Aufnahme von 01 1081 in Schwerte gelang, waren die 01.10 jedoch längst aus Eckesey abgezogen. Die in Kassel stationierte Lok ist mit dem E 442 auf dem Weg von Kassel nach Köln und dabei über die einst von der BME gebaute Obere Ruhrtalbahn Warburg – Bestwig – Arnsberg – Schwerte (- Hagen) gekommen. Die Lok existiert noch und ist derzeit (2010) im Bahnpark Augsburg ausgestellt.

01 1081

Die Obere Ruhrtalbahn war zu dieser Zeit auch das übliche Betätigungsfeld der im Dezember 1968 in Schwerte abgelichteten 23 049 des Bahnbetriebswerks Bestwig. Anfang der Siebziger Jahre musste Bestwig seine 23er abgeben, die Obere Ruhrtalbahn wurde komplett „verdieselt" und nun für drei Jahrzehnte vor allem von Loks der Baureihen 216 und 218 bedient. 23 049 kam übrigens zunächst nach Saarbrücken und dann nach Kaiserslautern, wo sie 1973 ausgemustert wurde. Sie endete unter dem Schneidbrenner.

Zu Besuch im AW Schwerte

Im Osten Schwertes lag neben der Oberen Ruhrtalbahn das Bundesbahn-Ausbesserungswerk (AW) Schwerte, lange Zeit eines der größten seiner Art in ganz Deutschland. Am Heiligabend des Jahres 1914 wurde das Werk, um das herum auch eine große Wohnsiedlung für die Beschäftigten entstand, eröffnet, 1967 endete die Dampflokunterhaltung, fortan wurde hier nur noch Kleinkram repariert, in den Achtzigern war endgültig Schluss. Einige Hallen und Bürogebäude existieren heute noch, haben aber mit Eisenbahnen nichts mehr zu tun.

Im Bild oben sehen wir die Nürnberger 01 046, eine der fünf von der DB mit Heinl-Mischvorwärmer und Turbospeisepumpe nachgerüsteten 01; sie macht nach Reparaturarbeiten erste Bewegungen unter Dampf, die „Schönheitsreparaturen" folgen noch. Die Aufnahme entstand 1967, schon im folgenden Jahr wurde die Lok ausgemustert.

Auf dieser Doppelseite sehen wir die Standardausführungen der Baureihe 01 bei der Bundesbahn: rechts die weitgehend dem Reichsbahn-Zustand entsprechende 01 047 (auffälligster Unterschied zum Ablieferungszustand von 1928 sind natürlich die kleinen Witte-Windleitbleche), die von Schwerte noch zum Bw Trier zurückkehrte und dort 1968 ausgemustert wurde.

Im Bild oben sehen wir die andere typische 01-Bauform der Bundesbahn, nämlich die mit Neubaukessel in Form der 01 164. Hier wird sie gerade von einer der beiden Werkslok vom Typ preuß. T 3 übers Gelände bugsiert (Aufnahme vom Sommer 1967). 1971 wurde 01 164 ausgemustert, sie existiert noch heute, gehört einem Privatmann und steht im Fränkischen. Auch die T 3-Werksloks haben übrigens die Schließung des AW Schwerte überlebt und befinden sich bei privaten Sammlern bzw. Vereinen.

89 801
14

Bild links: Man muss schon etwas genauer hinsehen um zu erkennen, dass bei dieser Aufnahme vom Herbst 1967 für den Fotografen Manfred van Kampen ein wenig getrickst wurde. Die links neben einer der beiden T 3 vor sich hin qualmende 89 801 war natürlich keineswegs mehr unter Dampf, der von Ruß und Rost geprägte Zustand lässt da keinen Zweifel. Irgendwer hat bei der bayerischen R 3/3 brennende Putzwolle in den Schornstein geworfen und so für ein lebendigeres Foto gesorgt. Hätten Sie gedacht, dass die 89 801 (Baujahr 1921) 22 bzw. 23 Jahre jünger war als die Schwerter T 3?

Dass eine bayerische R 3/3-Rangierlok in einem westfälischen AW zu sehen war, hatte folgenden Hintergrund: Damals versuchte hier eine Hand voll engagierter Schwerter Eisenbahner, darunter auch der erwähnte Manfred van Kampen, unter freundlicher Duldung der Werksleitung eine Sammlung historisch bedeutender Dampfloks zusammenzuführen – bei der DB-Zentrale wollte man damals von einem Dampflokmuseum oder ähnlichen Dingen nichts wissen. So kamen denn auch die auf dieser Seite abgebildeten Fahrzeuge nach Schwerte: die damals noch fast alltägliche 38 3479 vom Bw Wanne-Eickel, die jahrelang in der Lokführerschule Troisdorf als Anschauungsobjekt genutzte 17 218, die Krefelder 62 003. Aus der Schwerter Loksammlung wurde kein Museum bzw. Museumsbestand, alle auf dieser Seite abgebildeten Maschinen wurden zerlegt und eingeschmolzen.

Von Dortmund in die Börde

Erst Ende 1970 wurde die Strecke von Dortmund nach Soest elektrifiziert, bis dahin konnte man vor den Zügen in die Börde und darüber hinaus, etwa nach Paderborn, noch regelmäßig Dampfloks erleben. Am 27. April 1968 hat 50 465 des Bw Dortmund Rbf frühmorgens den Personenzug 1604 von Unna nach Dortmund gebracht, anschließend übernimmt 01 230 des Bw Paderborn die Garnitur als P 1673 nach Paderborn.

Eine geschlossene Schneedecke gehört im Ruhrgebiet nicht unbedingt zu den selbstverständlichen Begleiterscheinungen des Winters. Im Januar 1968 war es aber mal wieder so weit. 50 3164 des Bw Hamm, übrigens die 50er mit der höchsten Ordnungsnummer bei der DB (wenn man von den 50.40 absieht), wartet im Bild rechts mit einem Personenzug auf Ausfahrt.

Im Bild oben sehen wir 78 277 mit einer typischen Wagengarnitur aus Umbau-Dreiachser-Pärchen bei der Ausfahrt aus den Kopfgleisen des Dortmunder Hauptbahnhofs in Richtung Soest im Juli 1967; ein halbes Jahr später wurde die Lok in ihrem Heimat-Bw Paderborn ausgemustert.

Wir haben Unna erreicht. Am 30. April 1966 ist soeben die 78 510 mit einem Personenzug von Dortmund nach Soest angekommen und wird gleich ihre Fahrt fortsetzen. Die damals beim Bw Dortmund Rangierbahnhof stationierte preuß. T 18 wurde wenig später noch zum Bw Hamburg-Altona umstationiert, wo man sie 1968 ausmusterte. Die Maschine existiert noch (nicht betriebsfähig) und gehört heute zur dauernden Fahrzeugausstellung im DB-Museum Nürnberg, nachdem sie viele Jahre (1969-84) als Denkmal im AW Witten gestanden hatte.

In Unna haben wir es einmal mehr mit der Hinterlassenschaft der Bergisch-Märkischen Eisenbahngesellschaft zu tun. Diese hatte 1855 die Verbindung Dortmund – Holzwickede – Unna – Soest eröffnet, 1866 kam die BME-Strecke Hamm – Hagen hinzu, welche zwischen Unna und Holzwickede die Dortmund-Soester mitbenutzt. An der gleichen Stelle wie im Bild links steht hier im Oktober 1967 die 01 115 des Bw Paderborn, welche den (Nahverkehrs-) Zug 1673 am Haken hat: Dortmund Hbf ab 6.09 Uhr, Unna an 6.38 Uhr, elf Minuten Aufenthalt, um Reisende des E 521 Wuppertal-Vohwinkel – Hamburg aufzunehmen, Soest an schließlich 7.22 Uhr.

01 115 wurde im Frühjahr 1968 ausrangiert und anschließend verschrottet. Ende 1970 wurden die Strecken Dortmund – Holzwickede, Unna – Soest sowie Hamm – Soest – Paderborn – Kassel elektrifiziert, mit der 01-Herrlichkeit war es nun auch hier vorbei.

Die beiden Aufnahmen dieser Doppelseite entstanden am 17. August 1966 zwischen Holzwickede und Unna, sie zeigen die 01 199 vor einem Eilzug. Die Verbindung Hagen – Holzwickede – Unna – Hamm wurde bereits seit dem Sommer 1964 elektrisch befahren, bei dem Zug könnte es sich um den E 315 Aachen – Köln – Hagen – Unna – Soest – Altenbeken – Göttingen handeln, der bereits in Hagen von E- auf Dampflok umgespannt wurde (an sich aber damals eine klassische 03.10-Leistung war), oder aber um den E 549 Duisburg – Dortmund – Unna – Soest – Paderborn – Göttingen.

Bevor wir uns auf den folgenden Seiten noch mit Sonderfahrten für Eisenbahnfreunde befassen, wollen wir die Reise über die Eisenbahnstrecken des Ruhrgebiets mit einer Farbaufnahme von Carl Bellingrodt beschließen – vielleicht der eindrucksvollsten, die er vom Revier hinterlassen hat. Zu sehen ist die Schachtanlage Bönen des auf mehrere Standorte der Region verteilten Bergwerks Königsborn. 1981 wurde hier die Förderung eingestellt, bis auf den markanten, 1927/28 erbauten und 67 m hohen gemauerten Förderturm in Bildmitte ist von den hier zu sehenden Anlagen nichts übrig geblieben.

01 063 ist mit einem Zug von Hamm in Richtung Hagen unterwegs und hält außerplanmäßig mit dem F 14 „Dompfeil" nach Köln im Bahnhof Bönen, wir schreiben den 3. Mai 1956. Gut acht Jahre später wurde auf der Verbindung Hagen – Unna – Hamm der elektrische Betrieb aufgenommen.

01 063

Eisenbahnfreunde unterwegs

Wir bleiben auch zu Beginn des letzten Kapitels kurz in der Börde, um dann dieses Buch dort abzuschließen, wo unsere Reise über die Strecken des Reviers begonnen hat: in Duisburg. Auf dieser Seite sehen wir 03 251 (Bw Mönchengladbach) und 01 133 (Bw Paderborn), die am 2. März 1969 eine große Pazifik-Abschiedsfahrt durchs Revier unternahmen. Die Fotos entstanden im Hauptbahnhof Essen und bei Unna.

Es muss nicht immer Dampf sein! Im Oktober 1965 organisierte der Wuppertaler VdEF eine Sonderfahrt mit einem VT 08 durchs Ruhrgebiet, die auch in den Duisburger Innenhafen führte. Inzwischen hat sich das Bild hier grundlegend gewandelt. Zwar blieben viele der alten Lagerhäuser, Kräne etc. erhalten, aber ansonsten ist der Innenhafen in den letzten Jahren zu einem modernen Brennpunkt von Kultur, Gastronomie und neuem urbanen Leben und Arbeiten umgestaltet worden. Frachtkähne legen hier nicht mehr an, wohl aber Sport- bzw. Freizeitboote.

Am 19. Oktober 1969 fand eine Sonderfahrt mit ölgefeuerten Dampfloks durchs Ruhrgebiet statt, Hauptakteure waren die 012 060 und 042 206 des Bw Rheine. Die Tour ging von Düsseldorf über Duisburg (Foto oben), Oberhausen, dann über die Güterzugstrecke nach Hamm (wo vor der Kulisse des Kraftwerks Datteln das große Foto rechts entstand) und schließlich nach Bockum-Hövel, wo eine Exkursion mit einer Zechenbahn-Lok eingelegt wurde. Ab Bönen übernahm dann die 042 206 den Zug und brachte ihn über Herne, Essen und Duisburg zurück nach Düsseldorf. Die Aufnahme unten entstand in Dortmund-Marten.

Aus unserem Verlagsprogramm

In Standardwagen und Schüttelrutsche

Die siebziger Jahre – noch kocht der Pott, und noch kann man mit der Straßenbahn über Tage mitten durch Duisburg oder Essen, Bochum oder Dortmund fahren.

Dieser Farb-Bildband berichtet von Zeiten, als es in den Straßen der Innenstädte noch bimmelte, aber man mit der Straßenbahn im Nordwesten des Reviers auch noch geruhsam übers platte Land zuckeln konnte.

Wolf-Dietmar Loos u. a.: In Standardwagen und Schüttelrutsche – mit der Straßenbahn durchs alte Revier.
108 Seiten, Format 24 x 22 cm, fester Einband, ca. 110 Abb., durchgehend in Farbe, ISBN 978-3-937189-20-8,
24,80 Euro

Kohle, Stahl und Eierköpfe

In den Siebzigerjahren „kocht der Pott“ noch: An Rhein und Ruhr bestimmt der hämmernde Takt der Montanindustrie das tägliche Leben, Fördertürme, Hochöfen, Dampfwolken und Rauchfahnen dominieren das Bild des Reviers. Dazwischen fahren die Züge der Bundesbahn in unvergleichlicher Vielfalt: alte Dampfloks und Ellok-Veteranen Seite an Seite mit modernen Schnellfahrloks, typische Ruhrschnellverkehr-Triebwagen (die legendären „Eierköpfe“) und erste S-Bahnen, dazwischen frische rote Dieselloks, die kräftige Akzente setzen. Dieser Farb-Bildband hält ein verlorenes Stück Eisenbahn- und Regionalgeschichte fest.

Wolf-Dietmar Loos: Kohle, Stahl und Eierköpfe – Die Bundesbahn im Ruhrgebiet in den Siebzigerjahren; ca. 108 Seiten im Format 22 x 24 cm, ca. 110 Abbildungen in Farbe, fester Einband; ISBN 978-3-937189-36-9, **24,80 Euro**

Zugkraft für das Wirtschaftswunder

Ab 1950 entwickelte die junge Bundesbahn ihre legendären Neubau-Dampfloks, jene Maschinen also, die am Ende der Dampflok-Entwicklung in Deutschland stehen – von der Rangierlok der Baureihe 82 bis zur Schnellzuglok der Baureihe 10. Insgesamt wurden 168 Loks der Baureihen 10, 23, 65, 66 und 82 hergestellt. Dieser Bildband dokumentiert in einmaligen Werksaufnahmen ihre Entstehung – von der rohen Stahlplatte bis zur fertigen Lokomotive.

Jürgen U. Ebel, DGEG e.V. (Hg.): Zugkraft für das Wirtschaftswunder – Die Entstehung der Bundesbahn-Neubaudampfloks im Bild; 160 Seiten mit ca. 300 Abb. (sw); Format A4 hoch, fester Einband; ISBN 978-3-937189-37-6,
29,80 Euro

Lokwechsel 2

Peter Hauswald, Helmut Bittner: Lokwechsel – Eisenbahnen im Ruhrgebiet der Sechziger Jahre, Band 2: Güterverkehr

Ca. 120 Seiten im Format 24 x 22 cm, ca. 130 Farbaufnahmen, fester Einband, ISBN 978-3-937189-53-6, **ca. 24,80 Euro**

»Lokwechsel 2« erscheint 2011

Weitere Infos zu unserem Verlagsprogramm erhalten Sie hier:
DGEG Medien GmbH · Nordstraße 32 · 33161 Hövelhof
Telefon 0 52 57 – 9 35 29 10 · Telefax 0 52 57 – 9 36 98 79 · medien@dgeg.de · www.dgeg.de

DGEG Medien